AF404918

LES PIERRES ET LES ROCHES

A. PÉRÈS

LES PIERRES

ET

LES ROCHES

GUIDE PRATIQUE

POUR RECONNAITRE

Les principales Roches et les Pierres les plus utiles

A L'AIDE DE TABLEAUX DICHOTOMIQUES DESCRIPTIFS

PARIS

LIBRAIRIE CLASSIQUE FERNAND NATHAN

18, RUE DE CONDÉ, 18

1896

PRÉFACE

Notre but, en faisant paraître ce travail, a été de mettre à la disposition des Instituteurs, de leurs élèves et de toutes les personnes qui, soit pour leur plaisir, soit par besoins professionnels, s'occupent des *pierres*, un tableau, dans le genre des Flores, pour la détermination sûre et rapide des minéraux.

C'est pourquoi nous avons dû baser notre classification sur les caractères secondaires et apparents des corps, comme la couleur, la texture, etc.

Dans cet ouvrage, dont le cadre est restreint, nous avons été obligé de réunir dans une même famille des espèces assez différentes, d'en omettre d'autres moins importantes, etc. Qu'on veuille bien penser à ces nécessités en lisant ce livre élémentaire.

A. P.

OBSERVATIONS GÉNÉRALES

Pour étudier les roches et les pierres, on doit se procurer quelques objets qui ne sont pas indispensables, mais qui facilitent les recherches. Ce sont : un *petit marteau*, un *ciseau d'acier*, un *briquet*, un petit *mortier d'agate* pour pulvériser les corps durs, une *loupe*, un *chalumeau*, une *pince* et un *acide*.

Pour se servir de la loupe ou compte-fil, on aura avantage à *réduire* d'abord la roche en petits grains pour rendre les éléments distincts.

Le chalumeau est un petit tube recourbé dont on dirige la pointe sur la flamme d'une lampe ou d'une chandelle ; en soufflant par l'autre extrémité, on projette un dard de flamme très chaud sur le corps à essayer que l'on tient avec une pince.

En chauffant un corps à l'extrémité du dard, et au contact de l'air, on l'*oxyde* s'il en est susceptible (feu d'oxydation) ; en le chauffant, au contraire, dans l'intérieur de la flamme, on le *désoxyde* par l'action de l'hydrogène carboné (feu de réduction).

Les principaux acides employés pour étudier les pierres sont : le vinaigre ou *acide acétique*, l'esprit de sel ou *acide chlorhydrique* et l'eau-forte ou *acide azotique*.

CONSERVATION DES ÉCHANTILLONS MINÉRALOGIQUES

Si l'on veut comparer les minéraux pour les étudier, il est très important de les conserver après les avoir déterminés.

Les échantillons se rangent dans des cuvettes en carton de 2 centimètres de hauteur portant une étiquette sur un des côtés. Ces cuvettes sont préférables aux cuvettes en bois ou en tôle, d'abord à cause de leur fabrication facile, puis parce que, dans le carton tendre, les échantillons fragiles ne risquent pas de se détériorer.

En rangeant les roches dans l'ordre du Guide et en mettant en évidence les noms de famille, on peut consulter facilement la collection.

Il y a deux causes ordinaires de destruction des minéraux, la *déliquescence* et l'*efflorescence*.

La *déliquescence* est la propriété que possèdent certains corps d'attirer l'humidité et de se dissoudre à mesure dans l'eau qui en résulte ; on ne peut l'empêcher qu'en enfermant dans des bocaux bien clos les échantillons qui y sont sujets.

L'*efflorescence* est la propriété par laquelle certains corps tombent en poussière. Pour prévenir cet accident, on plonge les minéraux efflorescents dans de l'huile ; on peut aussi leur faire subir un bain prolongé dans un mélange à parties égales de silicate de soude ou de potasse et d'eau ; la pièce, séchée, acquiert une dureté considérable.

MANIÈRE DE SE SERVIR DU GUIDE

Afin que ce livre ait, sous tous les rapports, un intérêt réel et général, afin surtout qu'il soit vraiment utile aux commençants et devienne pour eux un guide facile et sûr, nous allons indiquer son emploi, le plus clairement et le plus simplement possible.

L'abondance et la diversité des minéraux nous imposent l'obligation de les réunir en cinq groupes bien distincts : *Roches, Minerais, Combustibles, P. précieuses, P. artificielles* (tableau général, page 11).

Chacun de ces groupes se décompose en familles à l'aide de *tableaux dichotomiques*, c'est-à-dire de tableaux subdivisés de deux en deux, tels que celui des *Roches*, page 11.

Ces tableaux sont disposés de telle manière que, lorsque le premier caractère énoncé ne convient pas, le numéro, placé à la suite du caractère négatif suivant, indique à quel paragraphe il faut se reporter pour continuer la détermination, et ainsi de suite, jusqu'à ce que l'on arrive à un caractère qui convienne et qui donne le nom de la famille.

Chaque famille se décompose en espèces, à l'aide de tableaux analogues, et chaque espèce en variétés.

Au-dessous de chaque nom de famille ou d'espèce, nous en avons résumé les caractères les plus importants, afin de s'assurer que la détermination est juste ; à la suite de chaque nom de variété, nous avons indiqué les caractères secondaires et les usages généraux.

Un vocabulaire, placé à la fin de l'ouvrage, donne l'explication succincte des mots peu familiers.

Exemple

Soit à déterminer une pierre grisâtre, assez dure, à grains assez grossiers ; nous jugeons à première vue, d'après le *tableau général*, que c'est un fragment de *roche*, et nous nous reportons au tableau dichotomique de ce groupe, même page. Nous lisons au paragraphe 1 :

1. — A texture terreuse, happant à la langue, faisant pâte avec l'eau. *R. argileuses* I.
   A texture non terreuse. — 2.

Le premier caractère ne convient pas : le caractère négatif nous renvoie au paragraphe 2, qui est ainsi conçu :

2. — A texture feuilletée ou lamelleuse. *R. schisteuses* IV.
   A texture ni feuilletée ni lamelleuse. — 3.

Le premier caractère de ce paragraphe ne convient pas, puisque notre pierre est grenue et ne peut être séparée en feuillets ; le caractère négatif nous renvoie encore au paragraphe 3 :

3. — Faisant effervescence avec le vinaigre — *R. calcaires* II.
   Ne faisant pas effervescence avec le vinaigre. — 4.

Nous versons du vinaigre sur notre pierre et nous constatons que des bulles de gaz se dégagent (c'est le phénomène physique connu sous le nom d'effervescence) ; le premier caractère convient donc, et notre pierre est une *Roche calcaire*.

En nous portant au tableau ayant pour titre : II. *Roches calcaires*, nous pouvons nous assurer que les caractères généraux qui y sont résumés conviennent à notre échantillon.

Le paragraphe 1 du tableau des *Roches calcaires* est ainsi conçu :

1. — A texture grenue — 2.
   A texture cristalline — 3.

Le premier caractère convient et nous renvoie au paragraphe 2 :

2. — Blanches, faciles à réduire en poudre — *Craies* 1°.
   Grisâtres, assez dures — *Calcaires* 2°.

Le second caractère appartient à notre échantillon qui est, par conséquent, un *calcaire*.

Nous apprenons en consultant, un peu plus loin, les propriétés de cette espèce, que notre pierre est un *carbonate de chaux*, de la variété appelée *Calcaire commun*.

TABLEAU GÉNÉRAL

1° En grandes masses formant le sol. *Roches* A.

2° Fournissant un métal par l'action du feu. *Minerais* B.

3° Brûlant plus ou moins bien. *Combustibles* C.

4° Fines et dures, employées en joaillerie. *P. Précieuses* D.

5° Fabriquées par l'homme. *P. Artificielles* E.

A. — ROCHES

1. — A texture terreuse, happant à la langue, faisant pâte avec l'eau. *R. Argileuses* I.

   A texture non terreuse. — 2.

2. — A texture feuilletée ou lamelleuse. *R. Schisteuses* IV.

   A texture ni feuilletée ni lamelleuse. — 3.

3. — Faisant effervescence avec le vinaigre. *R. Calcaires* II.

   Ne faisant pas effervescence avec le vinaigre. — 4.

4. — A texture pâteuse, vitrifiée ou poreuse. *R. Volcaniques* X.

   Ne présentant aucune de ces trois textures. — 5.

5. — Solubles dans l'eau, à texture cristalline et à saveur salée. *R. Salines* IX.

   Insolubles dans l'eau. — 6.

6. — Formées de plusieurs éléments cristallins agrégés
   par une pâte feldspathique. *R. Cristallines* VIII.
   Ne présentant pas cette texture. — 7.
7. — Donnant des étincelles au briquet, dures, ordinairement compactes et blanchâtres, formées le
   plus souvent d'un seul élément siliceux. *R. Siliceuses* III.
   Ne donnant pas d'étincelles au briquet. — 8.
8. — Infusibles au chalumeau, cristallines ou blanchâtres, faisant pâte avec l'eau après cuisson.
   R. Gypseuses V.
   Fusibles au chalumeau en émail ou verre bulleux.
   — 9.
9. — A texture cristalline, fibreuse ou rayonnée, blanches
   ou vertes, rayées par le quartz. *R. Magnésiennes* VII.
   A texture grenue, opaques, limpides ou à reflets
   nacrés, le plus souvent blanchâtres ; aussi dures
   que le quartz. *R. Feldspathiques* VI.

I. — Roches argileuses

Roches à texture terreuse, rayées par l'ongle, faisant pâte
avec l'eau, ne faisant pas effervescence avec le vinaigre,
si elles ne contiennent pas de calcaire.

1. — Ne faisant pas effervescence avec le vinaigre. — 2.
   Faisant effervescence avec le vinaigre. — 3.
2. — Blanches, jaunâtres ou rouges, à grains plus ou
   moins grossiers. *Argiles* 1°.
   Rouges, jaunes ou vertes, ferrugineuses, à grains
   fins. *Ocres* 2°.
3. — Formées par un dépôt pâteux et fin. *Limons* 3°.
   A grains plus ou moins grossiers, généralement
   grisâtres. *Marnes* 4°.

1° *ARGILES*

Les argiles sont des silicates alumineux hydratés, souvent salis par des mélanges qui consistent en sables quartzeux plus ou moins purs. Les argiles qui se trouvent à la surface de la terre arrêtent les eaux de pluie qui s'y infiltrent et les forcent à s'écouler sous forme de sources. On les emploie surtout pour fabriquer les briques et les poteries.

1. **Argile grossière ou figuline, terre glaise.** — Argile rouge ou jaunâtre, à gros grains ; briques et poteries communes, modèles des sculpteurs.

2. **Terre anglaise ou terre de pipe.** — Argile grisâtre ; porcelaine commune.

3. **Kaolin.** — Argile blanche, pure, résultant de la décomposition du feldspath ; belle porcelaine.

2° *OCRES*

Les ocres sont des péroxydes de fer ou oligistes à l'état terreux mêlés à de l'argile. On en fabrique des crayons et l'on s'en sert en peinture.

1. **Halleysite.** — Ocre verdâtre.

2. **Hématite ou ocre jaune.** — Ocre jaune, assez pure ; crayons, peinture.

3. **Sanguine ou ocre rouge.** — Ocre ferrugineuse ; crayons, peinture.

3° *LIMONS*

Les limons sont des péroxydes argilo-calcaires, charriés et broyés par les eaux. On les emploie en agriculture sous les noms de *terres fortes, terres franches,* etc.

1. **Lehm.** — Limon d'un brun jaunâtre ; agriculture.

2. **Gorre.** — Limon noirâtre, se formant dans les houillères ; agriculture.

4° *MARNES*

Les marnes sont appelées quelquefois argiles calcaires. On les trouve à l'embouchure des rivières, notamment au Mont-Saint-Michel. On les mélange aux terres sableuses pour les amender.

1. **Argilolite.** — Marne durcie, grossière; agriculture.

2. **Terre à foulon** (ou **Argile smectique**). — Marne gris verdâtre, grasse au toucher, se délayant dans l'eau en la rendant savonneuse; fabriques de drap.

3. **Pierre à détacher.** — Argile calcarifère de la forme gypseuse; teinturerie, nettoyage.

II. — **Roches calcaires**

Roches très communes, à texture grenue ou cristalline, plus ou moins dures, faisant effervescence avec les acides. Lorsqu'on les chauffe fortement, elles dégagent de l'acide carbonique et il ne reste plus que de la chaux vive.

1. — A texture grenue. — 2.
     A texture cristalline. — 3.

2. — Blanches, faciles à réduire en poudre. *Craies* 1°.
     Grisâtres, assez dures. *Calcaires* 2°.

3. — Dures, susceptibles d'un beau poli. *Marbres* 3°.
     Plus ou moins dures, à texture concrétionnée. *Concrétions* 4°.

1° *CRAIES*

Les craies sont des carbonates de chaux blancs, friables. Le sous-sol de Paris et les falaises du N.-O. de la France sont formés de craie. On emploie les craies pour écrire au tableau noir; les craies gâchées avec de l'eau gommée fournissent la pâte appelée *blanc d'Espagne; blanc de Troyes*, etc.

1. Craie ordinaire. — Craie tendre, très blanche ; écoles, polissage des métaux.

2. Craie tuffeau. — Craie grisâtre, assez dure, pouvant servir quelquefois de pierre à bâtir.

3. Craie chloritée. — Craie contenant de petits grains verts ; agriculture.

2° CALCAIRES

Les calcaires proprement dits sont des carbonates de chaux à gros grains servant, sous le nom de *moellons*, à faire les parties des bâtisses destinées à être crépies ou, sous le nom de *pierres de taille*, à faire des soutènements. Ils se laissent facilement sculpter, mais ils s'abîment à la longue par l'action de l'air.

1. Calcaire commun. — Calcaire à grains plus ou moins grossiers ; constructions.

2. Calcaire brèche. — Calcaire compact composé de fragments inégaux et anguleux de calcaire, à couleurs diverses, réunis par un ciment calcaire ; constructions.

3. Pierre lithographique. — Calcaire à grains fins, susceptible de poli ; lithographie.

3° MARBRES

Les marbres sont des carbonates de chaux métamorphiques, cristallisés ; ils sont durs et peuvent prendre un beau poli. On en fait des cheminées, des colonnes, etc.

1. Marbre d'Italie ou statuaire. — Marbre d'un blanc pur ; statues, autels, etc.

2. Marbre unicolore. — Marbre jaune, noir ou rouge.

3. Marbre versicolore. — Marbre à veines blanches ou rouges ; cheminées, colonnes, etc.

4° CONCRÉTIONS

Les concrétions sont formées par des dépôts lents de carbonate de chaux dissous dans l'eau. On utilise les sources incrustantes, comme celle de Saint-Allyre à Clermont-Ferrand, pour recouvrir de calcaire des corbeilles de fruits, des nids, etc., mis ensuite dans le commerce. *L'albâtre calcaire, l'albâtre oriental* ou *marbre agate*, avec lesquels on fait des objets d'art, sont tirés des stalactites et des stalagmites.

1. **Tuf ou travertin.** — Concrétion terreuse, formée par les sources ; incrustations, constructions.

2. **Stalactite ou stalagmite.** — Concrétion conique des grottes ; objets d'art.

3. **Oolithe.** — Concrétion noduleuse à grains ovales ; constructions.

III. — Roches siliceuses

Roches très abondantes, ordinairement compactes, dures, faisant feu sous le briquet et ne faisant pas effervescence avec les acides.

1. — Ne s'altérant pas au feu. — 2.

     Blanchissant au feu et s'y désagrégeant. — 3.

2. — Formées de cristaux limpides. *Cristaux de roche* 1°.

     Meubles, formées de grains siliceux. *Sables siliceux* 2°.

     Formées de grains siliceux unis par un ciment. *Grès siliceux* 3°.

3. — Tenaces, donnant de nombreuses étincelles au briquet, à couleurs variées. *Calcédoines* 4°.

     Moins tenaces, donnant peu d'étincelles au briquet, presque incolores, à éclat résineux. *Opales* 5°.

1° *CRISTAUX DE ROCHE*

Les cristaux de roche, formés de silice pure, sont des pierres très limpides et ordinairement incolores. Ces cristaux se présentent sous la forme d'un prisme hexagonal terminé à chaque extrémité par une pyramide hexagonale. On les emploie en joaillerie.

1. Cristal de roche pd. — Cristal de roche incolore, le plus commun ; lunetterie, joaillerie.

2. Améthyste ou pierre d'évêque. — Cristal de roche violet ou bleu noirâtre ; joaillerie.

3. Rubis de Bohême. — Cristal de roche rose ou rouge ; joaillerie.

2° *SABLES SILICEUX*

Les sables sont des roches meubles formées de grains siliceux isolés ; ils forment les dunes mouvantes des bords de la mer, le lit des rivières, etc. On s'en sert pour faire des mortiers ou pour fabriquer le verre.

1. Arkose. — Sable résultant de la désagrégation du granit ; mortiers.

2. Sable fin. — Sable déposé par la mer ou par les fleuves ; verres.

3. Gravier. — Sable mêlé à des cailloux plus ou moins gros ; pavage.

3° *GRÈS SILICEUX*

Les grès sont des roches formées de grains de sable agrégés et fortement unis entre eux. On en fait des pierres de taille, des meules, des plaques minces pour filtrer les eaux.

1. Grauvacke. — Grès micacé de couleur sombre ; constructions.

2. Pierre de taille. — Grès très siliceux, grisâtre ou brun rougeâtre ; constructions, meules.

4° CALCÉDOINES

Les calcédoines, entièrement siliceuses comme les cristaux de roche, n'offrent pas de cristallisation extérieure ; elles sont plus tenaces que le cristal de roche et font facilement feu au briquet. Leur éclat a toujours quelque chose de gras. On les trouve souvent moulées dans des coquilles ou sous forme de polypiers ; certaines variétés colorées sont employées en joaillerie.

1. Agate. — Calcédoine translucide, jaune (*sardoine*), rouge (*cornaline*), à couleurs disposées par bandes (*onyx*), ou en dentrites (*agate herborisée*) ; joaillerie.

2. Jaspe. — Calcédoine opaque, de couleurs variées unicolores ou rubanées ; joaillerie.

3. Silex. — Calcédoine opaque ou peu translucide, jaunâtre, à cassure en creux et à odeur bitumineuse par le choc ; pierre à fusil, pierre à briquet.

4. Pierre meulière. — Calcédoine lithoïde et opaque, rougeâtre, souvent caverneuse ; meules, soubassements.

5° OPALES

Les opales sont comme des calcédoines hydratées, elles donnent au feu une quantité notable d'eau ; leur éclat est toujours plus ou moins résineux. Elles se présentent en petites stalactites, en mamelons, rognons, etc., incolores, colorés diversement ou irisés. On les emploie en joaillerie.

1. Opale incrustante. — Opale grossière, jaune pâle ou blanchâtre, déposée par certaines sources minérales.

2. Jaspe opale ou jaspe résinite. — Opale demi-transparente, susceptible de poli, colorée en rouge, jaune, brun ou vert ; joaillerie.

3. **Pierre de touche.** — Opale dure, noirâtre ; essai des métaux précieux.

4. **Hydrophane.** — Opale presque pulvérulente qui reprend sa translucidité par imbibition dans l'eau.

5. **Tripolite.** — Opale terreuse formée par les écailles de diatomées et autres espèces microscopiques ; polissage des métaux.

IV. — Roches schisteuses

Roches à texture feuilletée ou lamelleuse, rayées par l'acier, ne faisant presque jamais effervescence avec les acides.

1. — A feuillets élastiques, brillants. *Micas* 1°.
   A feuillets non élastiques. — 2.
2. — A feuillets mous, sans mica apparent. — 3.
   A feuillets droits et durs, grises ou noirâtres, avec mica apparent. — 4.
3. — Onctueuses, d'un blanc satiné ou d'un vert blanchâtre. *Talcs* 2°.
   Formées par des cristaux agglutinés, vertes ou noires. *Amphibolites* 3°.
4. — A pâte fine, de teinte grise ou noire. *Ardoises* 4°.
   Dures, grandes, à grains siliceux, de teinte noirâtre ou verdâtre. *Phyllades* 5°.
   Dures, brillantes, à mica disposé par bandes ou par zones alternantes. *Schistes* 6°.

1° MICAS

Les micas sont des silicates susceptibles de se diviser en feuillets élastiques aussi minces que l'on veut, et dont les surfaces sont toujours très brillantes. Les micas entrent sous forme de paillettes vertes, roses, noires ou argentées dans les roches cristallines, les schistes, les sables, etc. La poudre de mica sert à sécher l'écriture ; les lamelles garnissent souvent les ouvertures, permettant de voir le foyer des poêles.

1. Mica magnésien. — Mica plus doux au toucher et moins élastique que les autres.

2. Lépidolite. — Mica en lamelles très brillantes, de couleurs variées, pareilles aux écailles que portent les ailes de papillon (*lépidoptères*).

3. Chlorite écailleuse. — Mica en lamelles entremêlées ou en fibres.

4. Mica verre. — Mica en grandes feuilles transparentes qui ressemblent à du verre à vitre ; poêles, vaisseaux de guerre.

2° TALCS

Les talcs sont des silicates magnésiens verdâtres, blanchâtres et grisâtres, doux et onctueux au toucher, rayés par l'ongle et très difficilement fusibles au chalumeau. On les trouve en amas ou en filons dans les roches de cristallisation ou dans les calcaires. On les emploie sous le nom de *craie de Briançon* pour la fabrique des pastels, du fard, etc. ; les tailleurs s'en servent sous le nom de *pierre à lard*.

La variété massive porte le nom de *Stéatite* (Voir *Roches cristallines*, page 26).

1. Séricite. — Talc satiné et souvent micacé ; pastels, etc.

2. Paragonite. — Talc d'un vert blanchâtre ; pastels, etc.

3° AMPHIBOLITES

Voir : *Roches magnésiennes*, page 25.

4° ARDOISES

Les ardoises sont des argiles anciennes devenues dures, à feuillets solides, droits et sonores. Les plus importantes ardoisières de France sont celles d'Angers et celles des Ardennes. Les ardoises sont employées comme toitures ou comme tableaux noirs.

1. **Ardoise pd.** — Ardoise d'un gris plus ou moins brun ou d'un noir brillant ; toitures, tableaux noirs.

2. **Schiste bitumineux.** — Ardoise noirâtre, bitumineuse ; huile de schiste.

5° PHYLLADES

Les phyllades sont des ardoises verdâtres, rougeâtres ou violettes, à pâte siliceuse très dure. Elles font de bonnes pierres à aiguiser, surtout des pierres à rasoir.

1° **Schiste grenatifère.** — Phyllade d'un gris vert moucheté ; constructions.

2. **Lydite.** — Phyllade d'un gris noirâtre ; pierres à rasoir.

3. **Novaculite.** — Phyllade d'un blanc jaunâtre ; pierres à rasoir.

6° SCHISTES

Les schistes sont des roches assez différentes les unes des autres par leur aspect et leur composition, mais qui offrent ce caractère commun de contenir du mica disposé par bandes ou par zones alternantes. Ce sont, pour la plupart, des roches métamorphiques qui se sont imprégnées de matières étrangères, comme de l'alun, du charbon, de l'oligiste, etc. On les emploie pour les constructions ou comme minerais.

1. *Micaschiste*. — Schiste à mica alternant avec le quartz ; constructions.

2. *Cipolin*. — Schiste alternant avec quartz et calcaire et dont les bandes figurent les sections concentriques d'un oignon coupé en deux ; constructions.

3. *Schiste argileux*. — Schiste dont le quartz a été remplacé par l'argile.

4. *Schiste charbonneux*. — Grès rempli de matière charbonneuse et passé à l'état de matière fine schisteuse ; chauffage.

5. *Schiste oligiste*. — Schiste rouge, contenant de l'ocre, doué parfois d'éclat métallique et ressemblant à de l'ardoise ; minerai.

6. *Schiste cuivreux*. — Schiste contenant de la pyrite cuivreuse ; minerai.

7. *Schiste alumineux*. — Schiste de nature variée, recouvert d'alun ammoniacal ; fabrication de l'alun.

V. — Roches gypseuses

Roches cristallines, plus souvent amorphes et blanchâtres, rayées par l'ongle, formant pâte avec l'eau après cuisson, ne faisant pas effervescence avec les acides et ne happant pas à la langue, prenant souvent des formes lenticulaires qui, réunies deux à deux, présentent dans la fracture ce qu'on nomme le gypse en fer de lance. Les gypses sont des sulfates de chaux hydratés.

1. *Pierre à plâtre*. — Gypse gris, fibreux ou grenu ; plâtre.

2. *Gypse neigeux*. — Gypse blanc, opaque, facile à polir ; statues, plâtre.

3. *Albâtre vitreux*. — Gypse blanc, compact, amorphe et translucide ; statues, objets d'art.

VI. — **Roches feldspathiques**

Roches granuleuses ou lamelleuses, presque aussi dures que
le quartz et qui sont généralement parties constituantes
essentielles des roches composées cristallines, plus ou
moins fusibles, en émail blanc ou en verre bulbeux, ce qui
les fait employer parfois comme glaçures. Le feldspath
décomposé constitue le kaolin. Le feldspath est un silicate
d'alumine combiné avec le silicate des protoxydes de potasse, de soude, de baryte ou de chaux.

1. **Orthose.** — Feldspath naturellement blanc, mais
coloré parfois diversement, quelquefois limpide et à reflets nacrés, le plus souvent opaque, les cristaux donnent
au clivage des solides dont certaines arêtes forment des
angles droits ; joaillerie (*pierre de lune et pierre de
soleil*).

2. **Ryacolite ou feldspath vitreux.** — Feldspath à
éclat particulier et dont les cristaux sont fendillés ;
émails.

3. **Anorthite.** — Feldspath en cristaux très brillants,
ce qui l'a fait nommer *spath de glace*.

4. **Porphyre.** — Voir : *Roches cristallines*, page 26.

VII. — **Roches magnésiennes**

Roches presque toujours cristallisées en prismes rhomboïdaux
ou parfois en petites masses baccilaires, fibreuses ou lamelleuses, rayées par le quartz, rayant difficilement le verre,
fusibles au chalumeau en verre coloré ou non.

1. — Présentant par le clivage des faces inclinées à
l'axe de 106° environ. *Pyroxènes 1°*.

Présentant par le clivage des faces inclinées à
l'axe de 125° environ. *Amphiboles 2°*.

(La mesure des angles des cristaux s'obtient à
l'aide des goniomètres (*Vocabulaire*, page 56).

1° PYROXÈNES

Les pyroxènes sont des silicates calcaires ou calcaréo-magnésiens blancs, verts ou noirs, formant des filons dans les terrains de cristallisation, des amas dans les calcaires, les laves, etc.

1. **Diopside.** — Pyroxène de teinte blanche ou d'un vert clair, ne renfermant que de la chaux et de la magnésie.

2. **Fassaite.** — Pyroxène cristallisé en octaèdres verts irréguliers, commun dans le Tyrol.

3. **Augite.** — Pyroxène noir, à cristaux éclatants, à poussière brune ; colore les laves, les basaltes, les dolérites.

2° AMPHIBOLES

Les amphiboles sont des roches blanches, vertes ou noires, fort analogues aux pyroxènes et qui, mêlées à l'orthose et à l'albite, forment les syénites et les diorites ; elles sont communes dans les terrains trachytiques.

1. **Trémolite, asbeste et amiante.** — Amphibole d'un blanc grisâtre ou légèrement verdâtre, presque inaltérable au feu, ne renfermant que de la chaux et de la magnésie, et qui se présente souvent en fibres fines et souples comme de l'étoupe de soie, susceptibles de tissage.

2. **Actinote.** — Amphibole d'un vert foncé vitreux, dans laquelle une partie de la magnésie est remplacée par du protoxyde de fer ; industrie, manches de couteaux, boutons, etc.

3. **Hornblende.** — Amphibole de couleur noire, souvent avec cristaux, qui colore en noir les laves et les basaltes ; elle diffère de l'augite en ce qu'elle ne présente pas d'angles rentrants dans les cristaux.

4. Amphibolite. — Amphibole schisteuse, de teinte verte ou noire, formée par des cristaux agglutinés d'amphibole, de mica, de feldspath, etc.

VIII. — Roches cristallines

Roches formées de cristaux différents agrégés par une pâte feldspathique, dures, faisant feu au briquet, ou tendres et onctueuses.

1. — A texture grenue, formées d'éléments visibles.
   Granits 1°.
   A texture compacte, formées d'éléments peu visibles — 2.
2. — Feldspathiques, assez dures. *Porphyres* 2°.
   Peu feldspathiques, tendres et onctueuses. *Serpentines* 3°.

1° GRANITS

Les granits sont formés de feldspath, de quartz et de mica unis intimement, ou à mica groupé par places. On les emploie dans les constructions, dans les monuments, les routes, etc.

1. **Granite.** — Granit blanchâtre à grains très visibles; constructions.

2. **Granulite.** — Granit rose clair ou rouge, à très petits grains; constructions (obélisque de Louqsor).

3. **Syénite, granite noir antique, basalte oriental.** — Granit à paillettes de mica verdâtre; monuments.

4. **Pegmatite.** — Granit clair, sans mica ou à mica blanc, d'un blanc tacheté ou simulant des lettres hébraïques; monuments, routes, etc.

5. **Gneiss.** — Granit grisâtre, rougeâtre ou verdâtre, à paillettes micacées distribuées par couches ne séparant pas les lames; constructions, routes, etc.

2° PORPHYRES

Les porphyres sont formés d'une pâte feldspathique renfermant des cristaux de feldspath ou d'hornblende ; ils sont fort durs, de couleurs variées et susceptibles de poli. On les emploie dans les monuments.

1. **Mélaphyre.** — Porphyre vert noirâtre ; monuments, obélisques.

2. **Porphyrite.** — Porphyre brun rougeâtre ; monuments, tables, etc.

3° SERPENTINES

Les serpentines sont des roches cristallines tendres et onctueuses et dont la surface est veinée de vert, de jaune ou de rouge, ce qui les a fait comparer à la peau des serpents. On en fait des poteries et certains ornements.

1. **Stéatite.** — Serpentine blanchâtre, employée sous le nom de *pierre ollaire* pour faire certaines poteries.

2. **Ophite.** — Serpentine verte ou d'un vert veiné de blanc ; ornements (*serpentine noble*).

IX. — Roches salines

Roches à texture cristalline, à saveur salée, se fondant facilement dans l'eau, de teinte blanche ordinairement, mais pouvant se colorer par leur mélange avec des matières étrangères.

1. **Salmare, sel marin, sel gemme.** — Chlorure de sodium, sel formé par évaporation de l'eau de mer ou se trouvant en dépôts dans la terre : saveur salée agréable ; alimentation, agriculture, industrie.

2. **Sel ammoniac.** — Chlorhydrate d'ammoniaque, sel ordinairement artificiel, mais qui se rencontre aussi

dans la nature au milieu des matières lancées par les volcans; étamage, industrie.

3. Salpêtre. — Azotate de potasse, sel formé par efflorescence sur les plâtras ou sur la terre des caves; saveur urineuse; poudre à canon, pharmacie, industrie.

X. — Roches volcaniques

Roches à texture pâteuse, vitreuse ou poreuse, plus ou moins dures, de teinte noirâtre, verdâtre ou grisâtre, lancées par les volcans.

1. — Compactes, le plus souvent vitreuses, de couleur plus ou moins foncée. — 2.

    Bulbeuses, spongieuses ou poreuses, de couleur terne. — 3.

    Formées par un amas de petits fragments scoriacés, libres ou cimentés. — 4.

2. — Compactes, noires, dépôt des anciens volcans. *Basaltes* 1°.

    Bulbeuses, grisâtres, dépôts récents. *Laves* 2°.

    Vitreuses, vertes ou noires. *Obsidiennes* 3°.

3. — Apres au toucher, grisâtres, renfermant souvent des cristaux. *Trachytes* 4°.

    Spongieuses, d'un gris clair, très légères. *Ponces* 5°.

4. — Composées de fragments libres. *Pouzzolanes* 6°.

    Composées de fragments unis par un ciment. *Conglomérats* 7°.

1° BASALTES

Les basaltes sont des roches volcaniques fort dures, produites depuis très longtemps; on les trouve abondamment en Auvergne. Ils servent aux constructions, à l'empierrement des routes, à la fabrication de certains objets d'ornement.

1. Basalte noir. — Basalte compact, d'un noir opaque ou vitreux et brillant; constructions, etc.

2. Péridotite. — Basalte vert noirâtre dont la fracture est en forme de coquille ; une variété transparente de belle couleur est employée en joaillerie sous le nom de *péridot oriental* ; constructions.

2° *LAVES*

Les laves sont des roches volcaniques noirâtres, compactes ou boursouflées, renfermant souvent des cristaux de même nature ou de pyroxène et parfois du mica noir. On les emploie aux constructions.

1. Lave compacte. — Lave à base compacte, renfermant presque toujours des cristaux; constructions.

2. Lave poreuse. — Lave à texture poreuse ou cellulaire, renfermant rarement des cristaux; constructions.

3° *OBSIDIENNES*

Les obsidiennes sont des roches volcaniques homogènes, vitreuses, de diverses couleurs, susceptibles de se boursoufler par la fusion. On les emploie aux constructions.

1. Obs. porphyrique. — Obsidienne noire, à petits cristaux blancs; constructions.

2. Obs. noire. — Obsidienne d'un bleu noirâtre; constructions.

3. Phonolite. — Obsidienne d'un jaune vert prononcé, sonnant lorsqu'on la frappe avec un marteau; constructions, toitures.

4° *TRACHYTES*

Les trachytes sont des roches volcaniques finement poreuses, âpres au toucher, contenant souvent de la hornblende et du mica. On les emploie aux constructions:

1. Domite. — Trachyte à texture lâche, d'un gris clair; constructions.

2. Liparite. — Trachyte clair, d'un rose verdâtre; toitures.

5° PONCES

Les ponces sont des roches volcaniques très poreuses ou tuméfiées et fort légères, âpres au toucher, rayant les corps très durs. On les emploie à polir le marbre.

1. Ponce vésiculaire. — Ponce renfermant des parties pâteuses.

2. Ponce spongieuse. — Ponce grisâtre, à texture spongieuse ou très poreuse; marbreries.

6° POUZZOLANES

Les pouzzolanes sont des sables volcaniques rougeâtres, qui font avec la chaux un excellent ciment hydraulique.

1. Tuf volcanique. — Pouzzolane formée de petits fragments scoriacés; ciments.

2. Tuf ponceux. — Pouzzolane formée de fragments de ponces, ciments.

7° CONGLOMÉRATS VOLCANIQUES

Les conglomérats volcaniques sont formés de fragments de roches volcaniques unis par un ciment. — On les emploie aux constructions.

1. Conglomérat trachytique. — Conglomérat formé de fragments de trachytes; constructions.

B. — **MINERAIS**

1. — Donnant par la fusion un métal blanc d'argent,
assez brillant. — 2.

Donnant par la fusion un métal rougeâtre ou gris
bleuâtre. — 4.

2. — Gris d'acier ou gris de plomb peu éclatant. *Minerais d'argent* VI.

Rouges, brunâtres ou jaunâtres, rarement blancs.
— 3.

3. — Rouges, à texture compacte granuleuse ou terreuse. *Minerais de mercure* VII.

Brunâtres ou jaunâtres, à texture cellullaire lamelleuse ou grenue. *Minerais de zinc* IV.

Bruns, rarement blancs, présentant souvent des
stalactites fibreuses. *Minerais d'étain* V.

4. — Gris métallique, blancs ou d'un vert brunâtre,
presque toujours métalliques. *Minerais de
plomb* III.

Gris de fer, noirs, rougeâtres, verts, bleus ou
brunâtres. — 5.

5. — D'un brun terreux, d'un noir brillant ou gris
rougeâtre. Texture terreuse. *Minerais de fer* I.

Rouges, jaunâtres, verts, bleus ou gris clair,
souvent cristallisés et métalliques. *Minerais de
cuivre* II.

I. — **Minerais de fer**

Minerais d'un brun terreux, d'un gris rougeâtre ou d'un noir
brillant, quelquefois métalliques, assez lourds.

1. — D'un gris rougeâtre, à poussière rouge. *Oligistes* 1°.

D'un brun terreux, à poussière jaune. *Limo-nites* 2°.

D'un gris de fer, à poussière noire. *Magnétites* 3°.

1° *OLIGISTES*

Les oligistes sont des péroxydes de fer doués d'éclat métallique, gris de fer à l'état de cristaux, rouges à tout autre état, mais toujours à poussière rouge. Ils fondent au feu de réduction et contiennent 69 0/0 de fer, lorsqu'ils sont purs.

1. **Fer spéculaire.** — Oligiste en grande masse, doué d'éclat métallique, à texture lamelleuse, granuleuse ou schisteuse ; minerai de fer.

2. **Hématite rouge.** — Oligiste stalactitite à texture fibreuse résultant d'un modelage sûr du carbonate de chaux ; brunissoirs pour métaux.

3. **Ocre rouge.** — Oligiste à l'état terreux (Voir : *Ocres*, page 13).

2° *LIMONITES*

Les limonites sont des hydrates de fer, non doués d'éclat métallique, bruns ou jaunes, à poussière jaune. Elles fondent au feu de réduction et contiennent 55 0/0 de fer.

1. **Pierre d'aigle.** — Limonite en rognons rougeâtres renfermant un noyau libre (géodes) ; minerai de fer.

2. **Lim. oolithique.** — Limonite ayant la forme oolithique, à globules libres ou unis ; minerai de fer.

3. **Lim. schisteuse.** — Limonite en feuillets compacts, séparés par des enduits micacés ; minerai de fer.

4. **Hématite brune.** — Limonite stalactitite à texture fibreuse ; brunissoirs pour métaux.

5. **Ocre jaune.** — Limonite à l'état terreux (Voir : *Ocres*, page 13).

Un carbonate de fer, la **Sidérose,** ressemblant à la limonite, mais le plus souvent à poussière blanchâtre, est employé comme minerai de fer, sous les noms de *fer spathique* et de *mine d'acier.*

3° MAGNÉTITES

Les magnétites sont des péroxydes de fer combinés avec du protoxyde ; elles sont douées d'éclat métallique et sont d'un gris de fer à poussière noire. Elles fondent au feu de réduction, contiennent 72 0/0 de fer et sont attirables par l'aimant.

1. **Pierre d'aimant.** — Magnétite compacte, rayée, manquant souvent d'éclat métallique ; minerai de fer.

II. — Minerais de cuivre

Minerais rouges, jaunâtres, gris, bleus ou verts, souvent cristallisés et métalliques.

1. — Rouges, cuivre pur en dentrites ou en filaments.
      Cuivre natif 1°.
      Gris ou jaune de bronze. *Sulfures de cuivre* 2°.
      Bleus ou verts. *Carbonates de cuivre* 3°.

1° CUIVRE NATIF

Cuivre pur, groupé en dentrites, en filaments ou en rognons dans plusieurs matières ; minerai de cuivre.

2° SULFURES DE CUIVRE

Les sulfures de cuivre sont gris ou jaune de bronze, fusibles au chalumeau, le plus souvent à éclat métallique.

1. **Chalkosine.** — Cuivre sulfuré, gris d'acier, doué d'éclat métallique, se coupant facilement ; disséminé en petits rognons dans les schistes, contenant 80 0/0 de cuivre ; minerai de cuivre.

2. **Chalkopyrite.** — Cuivre pyriteux, jaune de bronze, doué d'éclat métallique ; cristallisé ou en masses compactes très brillantes dans la cassure fraîche ; contenant 35 0/0 de cuivre, 30 de fer et 35 de soufre ; minerai de cuivre et de fer.

3. **Panabase.** — Sulfure triple d'antimoine, de cuivre et de plomb, gris clair d'acier ; minerai de cuivre.

3° CARBONATES DE CUIVRE

Les carbonates de cuivre sont verts ou bleus, presque toujours cristallisés ou en masses stalactitites fibreuses ; ils donnent de l'eau par calcination et noircissent.

1. **Malachite.** — Carbonate de cuivre vert, le plus souvent en petites masses mamelonnées ou fibreuses, ordinairement avec des bandes colorées, parfois pulvérulentes. Les masses suffisamment grandes sont taillées en feuilles minces pour plaquer les meubles.

2. **Azurite.** — Carbonate de cuivre bleu d'azur, presque toujours cristallisé, mais se trouvant aussi à l'état terreux et mélangé ; minerai de cuivre.

3. **Pierre d'Arménie.** — Mélange d'azurite compact et dur ; ornements.

III. — Minerais de plomb

Minerais gris, doués d'éclat métallique prononcé, ou blancs sans éclat métallique ; très lourds.

1. — Gris de plomb, brillants. *Galènes* 1°.
     Blanc d'acier. *Céruses* 2°.

1° GALÈNES

Les galènes sont des sulfures de plomb métalliques, facilement réductibles ; souvent cristallisés, le plus souvent en masses lamelleuses ou en filons dans une gangue siliceuse ou calcaire.

1. **Alquifoux.** — Galène brute réduite en poudre et servant à vernir les poteries grossières.

2. **Plomb argentifère.** — Galène contenant de l'argent ; minerai de plomb et d'argent.

2° CÉRUSES

Les céruses sont des carbonates de plomb blancs, non doués d'éclat métallique et accompagnant ordinairement les galènes.

1. *Cérusite.* — Céruse, souvent en petits cristaux brillants ; minerai de plomb.

IV. — Minerais de zinc

Minerais jaunâtres ou brunâtres non doués d'éclat métallique, infusibles au chalumeau.

1. — D'un blanc rougeâtre. *Blendes* 1°.
D'un brun jaunâtre. *Calamines* 2°.

1° BLENDES

Les blendes sont des sulfures de zinc, quelquefois d'un jaune d'ambre, le plus souvent d'un blanc rougeâtre plus ou moins foncé, en brillants cristaux tétraédriques ou en cristaux fibreux et massifs.

Les blendes, souvent associées à d'autres sulfures, contiennent 67 0/0 de zinc ; minerai de zinc.

2° CALAMINES

Les calamines sont des carbonates et des silicates de zinc, blanchâtres ou jaunâtres, donnant de l'eau par calcination. On les trouve en masses fibreuses, lamelleuses, compactes, caverneuses ou terreuses ; elles contiennent 68 0/0 de zinc.

1. Calamine pd. (*ou Hopeïte*) — Calamine en masse compacte, presque toujours accompagnée de zinc hydraté ; minerai de zinc.

2. Smithsonite. — Calamine gris jaunâtre à texture cristalline on stalactitite ; minerai de zinc.

3. Zinconise. — Calamine hydratée en masse terreuse ; minerai de zinc.

V. — Minerais d'étain

Minerais bruns, rarement blancs, infusibles au chalumeau, accompagnés ordinairement de galènes, pyrites, etc., dans une gangue quartzeuse.

1. Cassitérite. — Péroxyde d'étain en cristaux groupés, contenant 79 0/0 d'étain. Minerai d'étain.

2. Étain de bois. — Oxyde d'étain en stalactites fibreuses où en fragments roulés, dont les couches d'accroissement imitent assez bien les couches de certains bois ; minerai d'étain.

VI. — Minerais d'argent

Minerais blancs, gris ou brunâtres, fusibles au chalumeau, se coupant facilement au couteau.

1. — Gris d'acier ou gris de plomb. *Argyroses* 1°.
　　　Blancs ou brunâtres. *Kérargyres* 2°.

1° ARGYROSES

Les argyroses sont des sulfures d'argent, quelquefois translucides, doués d'éclat métallique peu éclatant, souvent mêlés à la galène, au sulfure de cuivre ou d'antimoine, etc. Ces minerais contiennent 87 0/0 d'argent.

2° KÉRARGYRES

Les kérargyres ou *argent corné* sont des chlorures d'argent demi-transparents, en petites masses disséminées ou en particules mêlées aux matières terreuses ferrugineuses (*terre rouge de Bretagne*). Ces minerais contiennent 75 0/0 d'argent.

VII. — **Minerais de mercure**

Le seul minerai de mercure employé est le Sulfure de mercure ou **Cinabre** qui se présente en masses compactes d'un rouge violacé brillant dans les calcaires compacts ou les schistes houillers. On l'utilise aussi pour fabriquer le vermillon.

C. COMBUSTIBLES

1. — De couleur jaunâtre, brûlant avec une odeur forte et désagréable. *Soufres* 1°.

De couleur noirâtre ou diversement colorés et cristallins à l'état pur. — 2.

2. — Liquides, pâteux ou à texture fibreuse, écailleuse, brûlant assez facilement et avec fumée. — 3.

A texture pierreuse ou cristalline, brûlant difficilement ou brûlant sans fumée. — 5.

3. — N'ayant pas gardé la forme ou la texture ligneuse, écailleux, d'un noir brillant, brûlant avec une odeur bitumineuse. *Houilles* 2°.

Liquides ou pâteux, brûlant avec une odeur bitumineuse. *Bitumes* 3°.

Ayant gardé la forme ou la texture ligneuse. — 4.

4. — D'un brun terreux, formés de débris végétaux visibles. *Tourbes* 4°.

Grisâtres, fibreux, brûlant avec une odeur âcre. *Lignites* 5°.

5. — Charbon pur; cristallins, incolores ou diversement colorés, très durs. *Diamants* 6°.

D'un gris noirâtre, brillants, tendres, peu combustibles. *Graphites* 7°.

D'un gris noirâtre ou d'un noir éclatant, durs, brûlant avec flamme courte. *Anthracites* 8°.

1° *SOUFRES*

Combustibles d'un jaune citron, cassants, inodores et insipides, imprégnant les terres près des volcans éteints, ou se trouvant en masses compactes dans les calcaires, la pierre à plâtre, etc. On les emploie dans l'industrie, l'agriculture, la médecine, etc.

2° *HOUILLES*

Les houilles ou charbons de terre sont des combustibles écailleux, d'un noir brillant, brûlant avec une odeur bitumineuse. On les emploie pour le chauffage et la fabrication du gaz d'éclairage.

1. *Charbon de terre*. — Houille friable ou dure, irisée ou d'un noir brillant ; chauffage, gaz d'éclairage.

2. *Coke*. — Houille boursouflée après avoir été chauffée ; chauffage.

3° *BITUMES*

Les bitumes sont des combustibles liquides ou pâteux, brûlant avec flamme, en répandant une forte odeur bitumineuse. Les bitumes solides se distinguent des charbons en ce qu'ils fondent à 100°.

1. *Naphte ou pétrole*. — Bitume liquide, jaunâtre ou brunâtre ; éclairage.

2. *Poix minérale*. — Bitume semi-liquide, noir, formant une sorte de poix ; trottoirs.

3. **Asphalte.** — Bitume solide, noir ; vernis, trottoirs.

4. **Ambre, succin.** — Bitume solide, transparent, jaune ou brun, brûlant avec une odeur résineuse agréable ; industrie.

4° *TOURBES*

Les tourbes sont des charbons récents formés de débris d'herbe et de mousse carbonisés, entrelacés et bien visibles.

Charbon grossier. — Tourbe à texture terreuse, sableuse ou spongieuse ; chauffage.

5° *LIGNITES*

Les lignites sont des charbons provenant d'anciennes tiges d'arbre ; elles s'allument facilement, font beaucoup de fumée et répandent une odeur âcre.

1. **Terre de Cologne.** — Lignite terreuse d'un brun clair ; peinture.

2. **Charbon grossier.** — Lignite noire, imparfaite ; chauffage.

3. **Jais-Jayet.** — Lignite noire, brillante, susceptible de poli ; ornements, joaillerie.

6° *DIAMANTS*

Voir : *Pierres précieuses*, page 40.

7° *GRAPHITES*

Les graphites ou plombagines sont des charbons tendres, d'un gris noirâtre, à peu près incombustibles.

1. **Graphite cristallisé.** — Graphite cristallin, à paillettes séparées.

2. **Plombagine.** — Graphite assez compact et onc-

tueux ou écailleux et noirâtre, doué d'éclat métallique; crayons, tôles.

8° ANTHRACITES

Les anthracites sont des charbons durs et d'un noir brillant, brûlant avec flamme courte sans fumée ni odeur et donnant beaucoup de chaleur.

1. *Charbon de pierre.* — Anthracite d'un gris noirâtre ou d'un noir éclatant ; chauffage.

D. — PIERRES PRÉCIEUSES

1. — Très dures, le plus souvent transparentes. — 2.
Plus ou moins dures, opaques. — 5.

2. — Rayant toutes les pierres, se dépolissant au feu d'oxydation. *Diamants* 1°.
Infusibles au chalumeau. — 3.
Fusibles au chalumeau. — 4.

3. — N'étant rayées que par le diamant, rayant toutes les autres pierres ; de couleurs variées. *Corindons* 2°.
Rayées par les deux précédentes, rayant toutes les autres, de couleur générale rouge. *Spinelles* 3°.
Rayées par les trois précédentes, rayant toutes les autres, de couleur générale jaune. *Topazes* 4°.
Rayées par les quatre précédentes, rayant toutes les autres ; perdant leurs couleurs au feu, de couleur générale rouge ou jaunâtre. *Zircons* 5°.

4. — Rayées par les cinq précédentes, rayant toutes les autres, de couleur générale verte. *Émeraudes* 6°.
Rayées par les six précédentes, rayant toutes les autres, de couleur générale rouge. *Grenats* 7°.

5. — Rayées par les sept précédentes, de couleur générale bleu verdâtre. *Turquoises* 8°.
Rayées par les huit précédentes, de couleur générale bleu d'azur. *Lapis* 9°.

1° *DIAMANTS*

Les diamants sont des corps vitreux doués d'un éclat
particulier, rayant tous les corps sans être rayés par
aucun, toujours en cristaux; fusant au feu, lorsqu'ils
sont en poudre et mêlés à du salpêtre, comme toutes les
matières charbonneuses.

1. **Diamant lapidaire.** — Diamant limpide et incolore; joaillerie.

2. **Diamant noir.** — Diamant jaune ou noir clair;
joaillerie.

3. **Égrisée.** — Diamant en poudre; taille des diamants.

1° *CORINDONS*

Les corindons sont des aluminates anhydres vitreux
ou pierreux, infusibles au chalumeau et incombustibles,
de couleurs vives et variées, rayés seulement par le
diamant et rayant toutes les autres pierres ($D = 4,1$).
On les trouve dans les sables des rivières.

1. **Cor. hyalin.** — Corindon d'une transparence parfaite, à éclat intense; joaillerie.

2. **Rubis oriental.** — Corindon rouge cramoisi; joaillerie.

3. **Topaze orientale.** — Corindon jaune pur; joaillerie.

4. **Saphir.** — Corindon violet bleuâtre ou bleu d'azur;
joaillerie.

5. **Améthyste orientale.** — Corindon violet pur;
joaillerie.

6. **Émeraude orientale.** — Corindon vert ; joaillerie.

7. **Émeri.** — Corindon granulaire mélangé de fer, de couleur brune ou rougeâtre ; polissage des métaux.

3° SPINELLES

Les spinelles sont des aluminates vitreux, infusibles, à éclat vif et de couleur générale rouge, rayés seulement par le diamant et le corindon, et rayant tous les autres corps (D = 3,7). On les trouve dans les sables.

1. **Rubis spinelle.** — Spinelle rouge ponceau, très estimée ; joaillerie.

2. **Rubis balais.** — Spinelle rose intense ou violâtre, de moindre valeur ; joaillerie.

On appelle **Pléonaste** la variété noire, et **Ceylonite** la verte.

4° TOPAZES

Les topazes sont des substances vitreuses, du genre fluor, infusibles au chalumeau, jaunâtres, limpides ou rosâtres et bleuâtres, rayées par la spinelle et rayant le quartz (D = 3,4). On les trouve dans les pegmatites ; la blanche et la rose sont les plus estimées.

1. **Topaze brûlée.** — Topaze rosâtre obtenue en soumettant les variétés jaunes à la chaleur ; joaillerie.

5° ZIRCONS

Les zircons sont des substances vitreuses infusibles au chalumeau, mais perdant leurs couleurs au feu ; ils brillent d'un éclat gras particulier qui rappelle celui du diamant et sont rouges, jaunâtres, bleuâtres, etc. ; ce sont les plus pesantes des pierres précieuses (D = 4,7) ; elles sont rayées par la topaze et rayent le quartz.

1. **Hyacinthe.** — Zircon orangé brunâtre ; joaillerie.

2. **Jargon.** — Zircon jaune verdâtre ; joaillerie.

6° ÉMERAUDES

Les émeraudes sont des silicates alumineux doubles, fusibles au chalumeau, jaunes, d'un vert bouteille, bleuâtres ou verdâtres ; elles sont rayées par le zircon et rayent le quartz (D = 2,8).

1. **Émeraude du Pérou.** — Émeraude d'un vert très pur ; joaillerie.

2. **Aigue-marine.** — Émeraude d'un bleu verdâtre ; joaillerie.

3. **Béryl.** — Émeraude jaune ou incolore ; joaillerie.

7° GRENATS

Les grenats sont des silicates alumineux doubles, vitreux, fusibles au chalumeau, transparents et rouges, noirs ou d'un vert brun, rayés par l'émeraude et rayant le quartz (D = 3,6 à 4,2).

1. **Grenat styrien ou escarboucle.** — Grenat rouge velouté ; joaillerie.

2. **Almandine.** — Grenat rouge violet vif ; joaillerie.

3. **Vermeille.** — Grenat rouge orangé ; joaillerie.

4. **Grossulaire.** — Grenat jaunâtre ou verdâtre, offrant une certaine ressemblance de couleur et de forme avec la groseille à maquereau ; joaillerie.

5. **Warovite.** — Grenat vert émeraude ; joaillerie.

6° **Mélanite.** — Grenat brun ou violet noir ; joaillerie.

8° TURQUOISES

Les turquoises sont des phosphates d'alumine opaques et compacts, de couleur générale bleu verdâtre (D = 2,6 à 2,8).

1. **Turquoise orientale.** — Turquoise d'un bleu céleste ou d'un vert pâle ; joaillerie.

2. **Turquoise de vieille roche.** — Turquoise bleue, purement minérale; joaillerie.

3. **Turquoise de nouvelle roche.** — Turquoise provenant de dents et d'os enfouis au sein de la terre et accidentellement colorés en bleu verdâtre; moins dure et beaucoup moins recherchée que les autres.

9° *LAPIS OU LAPIS-LAZULI*

Les lapis sont formés d'un silicate de soude, de chaux et d'alumine avec un sulfure de fer ou de sodium.

Ce sont des substances opaques d'un bleu d'azur, sous une forme massive et ordinairement parsemées de veines de pyrite semblables à de l'or. Les grandes masses servent à faire des placages, des dalles, etc.; les petites masses donnent la couleur bleue inaltérable connue en peinture sous le nom d'*outremer*.

Pour distinguer plusieurs pierres précieuses de même couleur, comme le zircon, le rubis oriental, le rubi spinelle, le grenat, etc., on plonge ces pierres dans un liquide de densité connue (ordinairement un mélange à parties égales d'azotate d'argent et de thallium $D = 4,5$); le zircon tombe au fond; en ajoutant un peu d'eau et agitant, le rubis oriental tombe, et ainsi de suite, par ordre de densité.

E. — PIERRES ARTIFICIELLES

1. — Obtenues par l'action de la chaleur sur d'autres roches. — 2.

Non obtenues par l'action de la chaleur. — 3.

2. — Résultant de la fusion des minerais, lourdes et douées souvent d'éclat métallique. *Métaux* I.

Résultant de la cuisson d'argiles, rouges, jaunâtres ou blanches. *Poteries* II.

Résultant de la fusion du sable siliceux, transparentes et brillantes. *Verres* III.

3. — Résultant d'un mélange d'eau, de chaux avec divers fragments. *Mortiers* IV.

Résultant d'un cimentage de débris de marbre ou de poudres colorées. *Stucs* V.

I. — Métaux

Pierres artificielles fusibles et malléables douées d'éclat particulier appelé éclat métallique, tantôt natives, tantôt en minerais dont il faut les extraire; employées dans tous les arts utiles.

1. — Obtenues par fusion des minerais. *Métaux simples* 1°.

Résultant de l'union de deux ou plusieurs métaux simples amenés ensemble à l'état de fusion. *Alliages* 2°.

Grossiers, vitrifiés et boursouflés par la chaleur. *Scories* 3°.

1° MÉTAUX SIMPLES

Les métaux proprement dits sont des corps simples, doués, lorsqu'ils sont polis, d'un éclat particulier appelé éclat métallique. Ils sont opaques en épaisseur moyenne, mais transparents en feuilles minces, conduisent bien la chaleur et l'électricité, se laissent étirer en fils et réduire en lames; la plupart sont blancs à nuances diverses, d'autres de couleurs plus caractérisées.

1. **Or.** — Métal jaune brillant, mou, très ductile et très lourd, toujours à l'état natif; orfèvrerie, dorure, monnaies.

2. Platine. — Métal blanc grisâtre, le plus dur des métaux, infusible, toujours à l'état natif ; orfèvrerie, industrie.

3. Bismuth. — Métal blanc jaunâtre, nuancé, mou et lamelleux, toujours à l'état natif ; il donne de la fusibilité aux alliages ; arts, alliage de Darcet.

4. Argent. — Métal blanc brillant, rayé par l'acier, fusible, parfois à l'état natif ; orfèvrerie, monnaies.

5. Mercure. — Métal blanc d'argent très brillant, liquide volatil, parfois à l'état natif ; physique, amalgames, médecine.

6. Étain. — Métal blanc d'argent, se ternissant à l'air, se laissant plier ; frotté entre les doigts, il prend l'odeur de poisson ; ployé, il donne le cri de l'étain ; peu tenace, très fusible ; étamage, fer-blanc, bronze, tain, etc.

7. Zinc. — Métal blanc bleuâtre à cassure cristalline, brûlant facilement avec une flamme verte éblouissante ; toitures, laiton, etc.

8. Antimoine. — Métal blanc d'argent bleuâtre, fragile et peu dur ; frotté, il donne une odeur qui rappelle celle de l'ail et de la graisse ; il donne de la dureté aux alliages ; industrie, caractères d'imprimerie.

9. Fer. — Métal gris bleuâtre, ductile, malléable et très tenace, se rouillant à l'humidité, attiré par l'aimant ; toiles métalliques, câbles, fils, etc.

(Manière de distinguer le fer de l'acier : Voir : *Acier*, page 46.)

10. Plomb. — Métal gris bleuâtre, terne, à coupure fraîche très brillante, très mou, très fusible, lourd ; tuyaux, balles, etc.

11. Nickel. — Métal blanc grisâtre à cassure fibreuse, dur, ductile et très tenace, attiré par l'aimant, inaltérable à l'air à la température ordinaire ; orfèvrerie, monnaies. etc.

12. Cuivre. — Métal rouge, très ductile, très malléable et très tenace, se couvrant de vert-de-gris à l'air humide ; chaudrons, blindage, monnaies, etc.

13. Manganèse. — Métal gris blanchâtre, assez brillant quand on le brise, très cassant : caractères d'imprimerie, industrie, verrerie, manufacture de fer, etc.

2° *ALLIAGES*

Les alliages sont des métaux composés, d'apparence homogène, ordinairement plus durs que les métaux qui y entrent et plus fusibles que le moins fusible d'entre eux. Ces propriétés les rendent propres à une foule d'usages pour lesquels les métaux simples sont trop mous ou trop cassants.

1. Alliage d'or. — Alliage jaune d'or de cuivre et d'or, au titre de 0,900 pour les monnaies et de 0,920, 0,840 et 0,750 pour les ouvrages d'or ; monnaies, bijouterie et orfèvrerie.

2. Alliage d'argent. — Alliage blanc d'argent de cuivre et d'argent, au titre de 0,900 et 0,835 pour les monnaies et de 0,950 et 0,800 pour les ouvrages d'argent ; monnaies, etc.

3. Fonte. — Alliage gris noirâtre de fer et de charbon ; industrie.

4. Acier. — Alliage blanc brillant de fer et de charbon, mais contenant moins de ce dernier que la fonte ; coutellerie, ressorts, etc.

Pour distinguer un morceau de fer d'un morceau d'acier, il suffit de mettre une petite goutte d'acide azotique sur les objets à examiner. Au bout de quelques secondes, l'acide enlevé par un lavage à grande eau laisse après lui une tache, claire ou blanchâtre sur le fer, noirâtre sur l'acier.

5. **Bronze.** — Alliage jaune ou rougeâtre de cuivre et d'étain ; cloches, canons, bronzes d'art, etc.

6. **Laiton ou Airain.** — Alliage jaunâtre de cuivre et de zinc ; industrie ; doublage des navires, anches d'instruments à vents, etc.

7. **Tain.** — Amalgame blanc d'argent de mercure et d'étain ; glaces, miroirs.

8. **Caractères d'imprimerie.** — Alliage gris bleuâtre de plomb et d'antimoine.

9. **Alliage de Darcet.** — Alliage grisâtre, très fusible, d'étain, de bismuth et de plomb ; coulage des figures, plombage des dents cariées, etc.

10. **Maillechort.** — Alliage blanc d'argent de nickel, de zinc et de cuivre ; orfèvrerie.

3° SCORIES

Les scories sont le résidu de la métallurgie ; elles sont boursouflées et vitrifiées par l'action du feu et contiennent le plus souvent du métal qui les rend fusibles. On les fait reservir de minerais, ou bien on les emploie comme mortiers, fondants, etc.

II. — Poteries

Pierres artificielles en terre cuite, composées d'argile et de substances siliceuses ; on les fait recouvertes ou non d'un vernis coloré, incolore et opaque ou blanc vitreux.

1. — A pâte tendre, rayées par le fer, fusibles. *Poteries grossières* 1°.

A pâte dure et opaque, non rayées par l'acier, infusibles. *Poteries fines* 2°.

A pâte dure et translucide. *Poteries très fines* 3°.

1° *POTERIES GROSSIÈRES*

Les poteries grossières sont jaunâtres, à grains assez grossiers, non recouvertes de vernis ou recouvertes d'alquifoux, de vernis opaque brun ou blanc, à base d'oxyde d'étain et de plomb.

1. **Terre cuite.** — Poterie grossière non vernie; briques, tuiles, etc.

2. **Poterie commune.** — Poterie grossière homogène, composée d'argile brune, recouverte ordinairement d'alquifoux; plats, cruches, etc.

3. **Faïence ordinaire.** — Poterie grossière homogène, recouverte d'un vernis opaque brun ou blanc; tasses, assiettes, etc.

2° *POTERIES FINES*

Les poteries fines sont à pâte dure, blanche et très homogène, composée d'argile plastique mêlée de silice; elles sont recouvertes ou non d'un vernis vitrifié incolore.

1. **Faïence fine ou terre de pipe.** — Poterie fine, dure et blanche, recouverte d'un vernis vitrifié incolore; assiettes, tasses, etc.

2. **Grès commun.** — Poterie fine, dure, sonore, imperméable à l'eau, demi-vitrifiée sans être translucide, recouverte souvent d'une glaçure provenant d'un commencement de fusion; objets d'art.

3. **Grès fin.** — Poterie plus fine et plus dure que le grès commun, contenant du kaolin et du feldspath, recouverte parfois d'un vernis vitrifié incolore; vases, urnes, etc.

3° *POTERIES TRÈS FINES*

Les poteries très fines sont à pâte dure, non rayées par l'acier et translucides, composées de kaolin et de feldspath, recouvertes ou non d'une glaçure.

1. Porcelaine dure ou vraie. — Poterie très fine, à pâte très dure, formée de kaolin et d'orthose, sans glaçure (*biscuit*) ou avec une glaçure vitreuse de pegmatite ou pétunzé incolore ; porcelaine.

2. Porcelaine tendre française. — Verre, c'est-à-dire un silicate alcalin à transparence affaiblie par de la chaux argileuse ; porcelaines.

3. Porcelaine tendre anglaise. — Poterie très fine, composée de kaolin argileux, additionné de quartz et d'os calcinés ; recouverte d'une glaçure ; porcelaines.

III. — Verres

Pierres artificielles formées par la combinaison de l'acide silicique et de bases variables, comme la potasse, la soude, la chaux, etc., transparentes et fragiles, rayées par le diamant seulement, fusibles.

1. — Plus ou moins limpides et sonores, souvent verdâtres. *Verres pd* 1°.

Très limpides et très sonores. *Cristaux* 2°.

1° VERRES PROPREMENT DITS

Les verres proprement dits sont à base alcalino-terreuse, ils sont plus ou moins transparents et présentent parfois des bulles, nœuds ou stries.

1. Verre de Bohême. — Verre limpide et très léger, silicate de potasse et de chaux, difficilement fusible ; verres, carafes, etc.

2. Crown-glass. — Verre limpide, moins siliceux que le précédent ; lentilles.

3. Verre à glaces. — Verre le plus beau, très transparent, à base de soude, assez fusible ; glaces, etc.

4. Verre à vitres. — Verre commun, composé de

sable, carbonate de soude et calcaire, ayant une teinte verte particulière; vitres, etc.

5. Verre à bouteilles. — Verre très commun, à pâte très bulleuse, composée de sable ocreux, d'argile ocreuse, de cendres et de soude de varech, qui contiennent de l'oxyde de fer donnant une couleur verte au verre; se dévitrifiant facilement; bouteilles.

2° CRISTAUX

Les cristaux sont des verres très limpides et très fins, à base alcalino-plombeuse, préparés très soigneusement.

1. Cristal ordinaire. — Cristal excessivement limpide et sonore, obtenu en fondant du sable pur avec du carbonate de potasse et du minium; cristaux.

2. Flint glass. — Cristal d'une homogénéité parfaite, contenant plus de plomb que le cristal ordinaire; instruments d'optique.

3. Strass. — Cristal très soigné et très dense, le plus réfringent; pierres précieuses artificielles.

4. Émail. — Cristal rendu opaque par de l'oxyde d'étain ou du phosphate de chaux, habituellement blanc.

IV. — Mortiers

Pierres artificielles employées en pâte pour relier et souder solidement les pièces solides d'une construction.

1. — Obtenues par mélange de chaux grasse et de sable, de fragments concassés ou de scories. *Mortiers pd 1°.*

Obtenues par mélange de chaux et de poudre d'argile cuite. *Ciments 2°.*

1° MORTIERS PROPREMENT DITS

Les mortiers proprement dits sont des mélanges de pâte de chaux et de matières inertes qui durcissent par l'action de l'air ou de l'eau.

1. Mortier ordinaire. — Mortier composé de chaux grasse éteinte avec deux à quatre fois son volume de sable; il durcit peu à peu à l'air; constructions aériennes.

2. Mortier hydraulique. — Mortier composé de ciment et de deux parties de sable fin ou bien de chaux hydraulique et de sable ou de pouzzolane; il durcit vite au contact de l'eau; constructions sous l'eau.

3. Béton. — Mortier hydraulique mêlé de pierres concassées; constructions sous l'eau.

2° CIMENTS

Les ciments sont des chaux susceptibles de se solidifier très vite au contact de l'eau ou de l'air après avoir été gâchées.

1. Ciment romain. — Ciment à prise rapide obtenu avec des calcaires contenant 30 0/0 d'argile, et réduits en poudre après cuisson; constructions.

2. Portland. — Ciment à prise lente obtenu en cuisant un mélange de 78 0/0 de calcaire et de 22 0/0 d'argile; constructions.

V. — Stucs

Pierres artificielles composées de plâtre ou de chaux gâchés avec de l'eau gommée ou de l'alun, assez dures et susceptibles d'un beau poli, mais ne résistant pas à l'humidité.

1. **Marbre artificiel.** — Stuc fait avec de la chaux et du marbre blanc pulvérisé ; plaques.

2. **Stuc ordinaire.** — Stuc fait de plâtre gâché avec de l'eau gommée ; pavage.

3. **Stuc aluné.** — Stuc fait de plâtre gâché avec de l'alun et recuit, plus dur que le précédent ; pavage, ornement.

4. **Mosaïque.** — Stuc fait de plâtre gâché avec des fragments de roches rapportés ; pavage, ornementation.

ANALYSE DE LA TERRE VÉGÉTALE

La terre végétale est le réservoir de toutes les matières dont se nourrissent les êtres vivants; elle est formée par la décomposition et la trituration des roches avec les restes organiques des végétaux.

Pour être propre à la culture, une terre végétale doit être *meuble*, c'est-à-dire composée de matières assez tenues et assez peu serrées pour être facilement séparées; elle doit contenir *la moitié de son poids de sable* qui la rend meuble, *un quart d'argile* qui condense l'oxygène de l'air, retient l'eau et fournit les engrais alcalins, *un huitième de calcaire* qui fournit les engrais minéraux et contribue à la décomposition des engrais organiques, et enfin *un huitième de terreau* ou détritus des matières organiques qui donne des aliments aux plantes.

Pour faire l'analyse physique des *terres arables*, on prend de la terre moyenne dans un champ, on en sépare à la main les pierres et les fragments volumineux, on la met à sécher au soleil ou au four et on la pèse. Après avoir enlevé les graviers par un lavage au tamis, on met de la terre fine dans un verre d'eau qu'on agite doucement; il se forme un dépôt au fond du verre, l'eau troublée est versée dans un autre verre où on la laisse se déposer lentement. Le dépôt formé dans le premier verre est la *partie sableuse* et celui du deuxième verre la *partie argileuse*. On pèse ces deux dépôts.

Pour séparer les sables siliceux des sables calcaires, on arrose d'acide un poids déterminé du premier dépôt jusqu'à ce qu'il n'y ait plus d'effervescence, on lave, on sèche de nouveau et on pèse; la différence des poids donne la proportion de *sable calcaire*, le résidu est le *sable siliceux*. La même opération sur le second dépôt donne la proportion de *calcaire pulvérulent*, le résidu est de l'*argile*. Enfin, en calcinant séparément un poids déterminé de chacun des dépôts, les différences des poids donnent la proportion de *terreau*. Les proportions d'azote, d'acide phosphorique, de potasse, etc., ne peuvent être déterminées que par un chimiste.

VOCABULAIRE

A

Acide. — Corps, d'une saveur aigre et piquante, qui a la propriété de rougir la teinture bleue de tournesol.

Acre. — Qui a une saveur ou une odeur piquante et brûlante.

Agglutination. — Réunion de plusieurs éléments liés intimement.

Agrégation. — Réunion de plusieurs éléments sans liaison parfaite.

Alcalin. — Qui a rapport aux alcalis (potasse, soude, ammoniaque, etc.) ou qui contient de l'alcali.

Amas. — Assemblage d'éléments accumulés ou réunis.

Amendement. — Ce qui rend la terre plus fertile.

Amorphe. — Qui n'a pas de forme déterminée.

Anhydre. — Qui ne contient pas d'eau.

Apre. — Rude au toucher ou au goût.

Arable. — Qui peut être labouré.

Artificiel. — Fabriqué par l'homme.

Axe. — Ligne droite, réelle ou imaginaire, qui passe par le centre d'un corps.

B

Bacillaire. — Formé de filaments courts et soyeux.

Bitumineux. — Qui contient du bitume ou qui possède ses qualités.

Boursouflé. — Enflé par la chaleur.

Briquet. — Morceau d'acier avec lequel on frappe un caillou pour en tirer du feu.

Bulbeux. — Qui contient des renflements.

Bulleux. — Qui contient des globules remplis d'air.

C

Calcination. — Action de dessécher par l'effet de la chaleur excessive.

Carbonate. — Corps produit par la combinaison de l'acide carbonique avec une base.

Cassure. — Endroit où un objet est cassé.

Caverneux. — Plein de trous.

Cellules. — Petites cavités des pierres.

Ciment. — Pâte liant des fragments de pierres.

Clivage. — Action de fendre un cristal ou une roche selon ses joints naturels.

Compact. — Epais et serré, à éléments peu distincts.

Concrétion. — Réunion de plusieurs substances en un corps solide par l'action du temps.

Conique. — Qui a la forme d'un cône (solide à base circulaire et terminé en pointe).

Cristallin. — Composé de petits cristaux.

Cristaux. — Formes symétriques que prennent certains corps en passant de l'état liquide à l'état solide.

D

Dense. — Contenant beaucoup de matières sous un petit volume.

Dentrites. — Groupements de petits cristaux dans les fissures des calcaires, grès, granits, affectant des formes arborisées ; pénètrent quelquefois dans l'intérieur de la masse d'un corps (Dentrites profondes).

Dilatation. — Augmentation du volume des corps.

Dichotomique. — Qui se subdivise de deux en deux.

Ductile. — Qui peut être tiré, allongé en fils très minces sans se rompre.

E

Ecailleux. — Qui s'enlève par écailles.

Effervescence. — Bouillonnement qui se produit dans un liquide par le dégagement d'un gaz.

Efflorescence. — Couche saline qui se produit sur les murs.

Elastique. — Qui a la propriété de reprendre sa forme et son volume après compression.

Elément. — Partie simple qui concourt à la formation des corps.

F

Ferrugineux. — Qui contient du fer.

Feuilleté. — Disposé par feuilles minces.

Fibreux. — Formé d'une réunion de fibres ou filaments (brins longs et déliés).

Filon. — Suite non interrompue de matière enfouie sous terre.

Friable. — Qu'on peut aisément réduire en poudre.

Fusible. — Capable de fondre au feu.

G

Gâcher. — Délayer du plâtre, du mortier avec de l'eau.

Gangue. — Substance terreuse qui enveloppe les minerais et les pierres précieuses.

Géodes. — Rognons creux à l'intérieur. La cavité est souvent remplie de matière pulvérulente qui, en se desséchant, subit un retrait qui la sépare des parois.

Glaçure. — Enduit dont on recouvre les porcelaines avant de les faire cuire et qui, à la cuisson, prend l'aspect du verre.

Globule. — Très petit corps de forme sphérique.

Goniomètres. — Instruments qui servent à mesurer les angles des cristaux. Le plus simple de ces instruments consiste en deux lames, réunies et mobiles en A, que l'on applique le mieux possible sur les faces dont on veut mesurer l'angle dièdre et que l'on place ensuite sur un rapporteur.

Granuleux. — Composé de petits grains.

Grenu. — Couvert ou composé de petits grains.

H

Happer à la langue. — Se coller, adhérer plus ou moins fortement à la langue.

Hébraïque. — A lignes disposées irrégulièrement, formant comme des caractères hébreux.

Hexagonal. — Qui a six angles et six côtés.

Homogène. — Formé de parties semblables.

Hydraté. — Combiné avec l'eau.

I

Imbibition. — Action de mouiller, de pénétrer d'eau ou de tout autre liquide
Imprégné. — Se dit d'un corps qui a été pénétré par la substance d'un autre.
Incolore. — Qui n'a pas de couleur prononcée.
Insipide. — Qui n'a pas de saveur.
Irisé. — Qui présente les couleurs de l'iris ou arc-en-ciel.
Joaillerie. — Art de fabriquer des pierreries.

L

Lâche. — Qui n'est pas serré.
Lamelleux. — Qui se laisse diviser en petites lames.
Lenticulaire. — Qui a la forme d'une lentille.
Ligneux. — Qui est de la nature du bois.
Limpide. — Très clair, qui ne renferme pas d'impuretés.
Lithoïde. — Qui a l'aspect d'une pierre.
Lithologie. — Connaissance des pierres.

M

Mamelon. — Petit monticule arrondi.
Malléable. — Se dit des métaux qui ont la propriété d'être étendus en feuilles minces sous le marteau ou au laminoir, souple.
Métallique. — Qui est de métal ou a rapport au métal.
Métamorphique. — Se dit des roches modifiées par l'action du feu souterrain.
Micacé. — Qui contient des paillettes de mica.

N

Nacré. — Qui a l'aspect de la nacre, en présentant des couleurs à la lumière.
Natif. — Se dit des métaux trouvés dans la terre à l'état pur.
Noduleux. — État de ce qui a des nœuds.

O

Onctueux. — Doux et gras au toucher.
Oolithique. — Forme de grains ressemblant à des œufs de poisson.
Opaque. — Qui ne se laisse pas traverser par la lumière.
Ovalaire. — Qui présente une forme à peu près ronde.
Oxyde. — Corps résultant de la combinaison de l'oxygène avec un métal.

P

Paillette. — Petite parcelle brillante.
Pâteux. — Se dit d'une matière paraissant fondue.
Phosphate. — Corps produit par la combinaison de l'acide phosphorique avec une base.
Poreux. — Percé de pores (petits trous invisibles).
Prisme. — Solide à deux bases égales et parallèles, unies par des parallélogrammes.
Pulvérulent. — Qui se réduit facilement en poudre ou est à l'état de poussière.
Pyramide. — Solide qui a pour base un polygone et dont les faces sont triangulaires et se réunissent en un même point.
Pyriteux. — Qui est de la nature de la pyrite (combinaison du soufre avec le fer ou le cuivre).

R

Rayonné. — Qui a les parties disposées autour d'un point.
Reflet. — Coloration particulière d'un corps due à certains jeux de lumière.
Rhomboïdal. — Qui a la forme d'un losange.
Rognons. — Masses arrondies, noueuses, lisses ou hérissées de cristaux.
Rubané. — Marqué de bandes longitudinales.

S

Satiné. — Qui a le lustre du satin.
Soluble. — Se dit d'un corps qui se dissout facilement.
Spongieux. — Dont la surface est percée de trous.
Strié. — Rayé, qui a des stries (petits sillons).
Sulfure. — Composé formé de soufre et d'un métal.

T

Terne. — Qui a très peu d'éclat.
Texture. — Arrangement particulier, disposition spéciale des parties qui composent un corps.
Translucide. — Qui laisse passer la lumière, mais sans laisser voir les objets.
Transparent. — Qui laisse passer la lumière et au travers de quoi on peut distinguer les objets.

U

Unicolore. — Qui ne présente qu'une couleur.
Urineux. — Qui est de la nature de l'urine.

V

Veiné. — Qui présente des sinuosités ressemblant à des veines d'une coloration autre que la teinte générale.
Vitreux. — Analogue au verre.
Vitrifié. — Presque transformé en verre par la fusion.
Volatil. — Qui s'évapore facilement.

Z

Zones. — Banques ou marques circulaires.

TABLE DES MATIÈRES

TABLE ALPHABÉTIQUE DES ROCHES ET DES PIERRES

Tours. — Imp. DESLIS FRÈRES.

NOTES

ET.

OBSERVATIONS PARTICULIÈRES

www.ingramcontent.com/pod-product-compliance
Ingram Content Group UK Ltd.
Pitfield, Milton Keynes, MK11 3LW, UK
UKHW022143070726
13613UKWH00003B/1407